Michael Dienst

NUTRIA ist kein Brotaufstrich

Froude-Zahlen biologischer Teiltaucher

GRIN Verlag

Bibliografische Information der Deutschen Nationalbibliothek:

Die Deutsche Bibliothek verzeichnet diese Publikation in der Deutschen National-
bibliografie; detaillierte bibliografische Daten sind im Internet über http://dnb.d-
nb.de/ abrufbar.

Impressum:

Copyright © 2014 GRIN Verlag GmbH
Druck und Bindung: Books on Demand GmbH, Norderstedt Germany
ISBN: 978-3-656-59203-7

nutria ist kein Brotaufstrich

Mein Einwurf war eher zaghaft, verschämt vielleicht. Unpassend wohl und er betraf Froudezahlen[1] der halbtauchenden Biberartigen. Kaum jemand in der Runde verstand überhaupt die Frage. Und wenn, fragte die Gegenfrage nach dem lieben Sinn jener. Nur Bardo (Name nicht geändert) mein Freund, liebenswertes natur- und ingenieurwissenschaftliches Gewissen und letztlich mein verlässlicher Zugang zu der mir wohl auf ewig verschlossenen Wissenschaft der Fluidmechanik hörte zu und sprach dann den entscheidenden Satz; und das in aller Gelassenheit, nicht aber ohne ein gewisses höhnisches Grinsen: „Du musst immer das gesamte Wellen erzeugende System betrachten!"
Gerade hier darf man also nicht schummeln, Micha!, dachte ich und in Gedanken fügte ich hinzu: Mist. Das ganze Viech also! Mit Schwanz und ganz. Den leibhaftigen Biber.
Warum könnte es praktischerweise nicht anders sein? Der Schweif natürlich und nicht Schwanz, besser noch die Kelle, würde dann ein eigenes Wellensystem haben. Es käme vielleicht zu schicken Interferenzen. Glaubt man etwas verstanden zu haben, mag man es ja gerne ein wenig komplizierter und bleibt auch hier, in der fröhlichen Wissenschaft, ein eitler Gockel (übrigens: heute schon Nietzsche gelesen?) Das genau meinte ich. Und: Hatte ich das nicht erst kürzlich an Schiffen beobachtet? An einer Randmeerjolle? Das lokale Wellensystem? Nun gut, das Ruderblatt ist hier am Heck angehängt, und bei kleinen Geschwindigkeiten kann man ja fast alles entdecken, was man unbedingt entdecken will. Ich meine mich an einen deutlichen Wellenzug erinnern zu können. Kelvin statt Mach. Alles bestens. Aber die Kamera im Kopf hält eben nur das gerne fest, was sie gerne im Kopf festhält. „Genial: Berliner bauen Hochleistungsyacht mit Biberschweif. Das Geheimnis des lokalen Wellensystems entschlüsselt. Bioniker greifen nach dem Americas Cup." So die Schlagzeilen, dann. Daran besteht kein Zweifel.

Die Frage hinter der Frage betrifft den Schweif. Viele Wirbeltiere, die im Wasser Leben schwimmen mit eleganter Ganzkörperbewegung voran. Schlanke Schwimmer wie etwa der Aal führen eine Schlängelbewegung aus, wobei die Wellenlänge der Bewegung erheblich kürzer ist, als die Rumpflänge. Aale besitzen deshalb keine Schanzflosse. Fische und wasserlebende Säugetiere führen ebenfalls eine (Ganzkörper-) Schlängelbewegung aus. Die Wellenlänge der Körperbewegung ist größer als die Körperlänge; deshalb ist die Schwanzflosse erforderlich. Bei Robben (Pinnipedia), Seehunden (Phoca vitulina) und anderen zum Wasserleben übergegangenen Raubtieren ist der Schwimmstil eine komplexe Mischform aus (Ganzkörper-) Schlängelbewegung und Paddelantrieb. Bei anderen Lebensformen ist der Schweif funktional in den Bewegungsprozess eingebunden. Der Biber benutzt seine Kelle (Schweif) weniger als Antrieb; eher zum

---

[1] Die Froude-Zahl ist neben der Reynolds-Zahl einer der Koeffizienten der dimensionslosen Navier-Stokes-Gleichung.

Manövrieren bei der Arbeit. Hier dient die horizontal stark abgeplattete Kelle hauptsächlich als Tiefenruder beim Tauchen. Die Oberflächenstruktur ist hochinteressant; statt mit Fell ist die Kelle mit hornigen Hautschuppen besetzt. Außerdem funktioniert die gefäßreiche Konstruktion als Wärmetauscher um überschüssige Wärme an die Umgebung abzugeben. Auf der Flucht vor Angereifern und Feinden arbeitet die Kelle als Startbeschleuniger. Bei Gefahr warnt der Biber seine Artgenossen mit einem „Signalschlag" der Kelle auf die Wasseroberfläche und verschwindet blitzschnell.

Aber betrachten wir noch einen Moment das Halbtauchen der Biber. Der Schweif leiste im Nachlauf des Rumpfes keinen Beitrag zum Voranschwimmen. Eine vertikale Wellenbewegung der Kelle schließen wir vielleicht an dieser Stelle zunächst mal aus dem idealisierten Bewegungsmodell aus. Dennoch gibt es an einem Fluidsystem Gestaltungsparameter, die passiv die Qualität des Voranschwimmens beeinflussen. Der Formwiderstand, der Reibungswiderstand und bei Halbtauchern (und sogar bei knapp unter der Wasseroberfläche tauchenden Schwimmern) der Wellenwiderstand. Neben der Geometrie kommt der Relativgeschwindigkeit Bedeutung zu. Geht in Form- und Reibungswiderstand die Geschwindigkeit quadratisch ein, beeinflusst sie den Wellenwiderstand in der dritten Potenz. Gleichzeitig vergrößert sich die den Reibungswiderstand bestimmende benetzte Fläche des Strömungskörpers linear mit seiner Länge. Auf die Froudezahl jedoch -und damit auf den Wellenwiderstand- wirkt die Länge der Wasserlinie des halbgetauchten Strömungskörpers proportional in der Wurzel im Nenner vorteilhaft. Länge läuft, heißt es so schön unter den Seefahrern.
Somit ist es ganz vernünftig, wenn Bardo sagt: „ ... nimm das ganze System!" Sagte er es denn überhaupt so? Es ist ja schon eine Weile her und der Kasettenrecorder im Kopf, ... aber lassen wir das. Natürlich gibt es keine lokalen Froudezahlen. Schon gar nicht für Kleintiere. Froude[2], Kelvin[3], Michell[4], all die Ehrwürdigen betrachteten das Wellensystem der Schiffe, der ganzen Schiffe. Die Theorien tragen und sind auch schon ein paar Tage alt. Und wenn Froude geahnt hätte, dass man die nach ihm benannte Zahl eines fernen Tages auf Biber, Ratten und anderes biologisches Gewürge anwenden wird, hätte er das vielleicht nicht besonders gut gefunden. Not amused.

Außerdem sollte sich später herausstellen, dass auch der Biber als Ganzes weder ein gut untersuchtes fluidmechanisches System ist, noch sich jemand für sein Halbtauchen interessiert. Sein Halbtauchen, was für ein Wort. Ich finde kein publiziertes Wissen über das Schwimmen der Biberartigen, was ich hier an dieser Stelle bedauern möchte, noch vermute ich dass der Beitrag, den wir - mit Hausmitteln - zu leisten in der Lage sind, wirklich von Bedeutung ist. Ohne Schweif schwimmen zu gehen ist – das ahnen wir bereits jetzt – für einen Biber einfach keine Option. Und vermutlich wird es nicht ganz

---

[2] William Froude (* 28. November 1810 in Dartington, Devon, England; † 4. Mai 1879 in Simonstown, Südafrika) war ein englischer Schiffbauingenieur und Forscher auf dem Gebiet der Hydrodynamik.
[3] William Thomson, 1. Baron Kelvin, meist als Lord Kelvin auch Kelvin of Largs bezeichnet, (* 26. Juni 1824 in Belfast, Nordirland; † 17. Dezember 1907 in Netherhall bei Largs, Schottland) war ein in Irland geborener britischer Physiker.
[4] John Henry Michell (26 October 1863 – 3 February 1940) was an Australian mathematician, Professor of Mathematics at the University of Melbourne.

trivial, solch einem Halbtaucher in freier Wildbahn beim Halbtauchen zuzusehen. Am Ende wird es Jana gewesen sein – ganz lieben Dank an dieser Stelle – die die Biberartigen ausfindig macht, fern von hier und fern von Biebrich am Rhein, sondern am Baldeneysee [5]- nahe Essen, wo sie derzeit lebt, das arme Kind. Aber das wissen wir zu diesem Zeitpunkt noch nicht und am Anfang dieser Reise überwiegt die infantile Euphorie, die Neugier, Helau, das Heitere. Und jedem Anfang wohnt ein Zauber inne, plärrt es in meinem Kopf. Doch Hesse badete nie im See Genezareth [6] und wohl auch nicht im Rhein zu seiner Zeit. Oder doch? Spielt Siddhartha [7] etwa in Wirklichkeit auf der Rettbergsaue [8]? Ich habe mich das immer schon gefragt.

Bionik. Die belebte Natur hat in den Jahrmillionen der biologischen Evolution äußerst effiziente (Gestaltungs-) Lösungen hervorgebracht. Wir beobachten die Vielfalt biologischer Bauweisen, wir beschreiben und messen biologischen Funktionen, wir bewundern die von einer Einfachheit getragene Eleganz und Dynamik der Lebewesen. Die Bionik verknüpft Biologie und Ingenieurwissenschaft mit dem Ziel, Phänomene aus der belebten Natur auf Technik zu übertragen. Die Erfahrung zeigt, dass gerade das Wechselwirken der biologischen Systeme mit ihrer Umwelt die signifikanten Effekte hervorbringt, die den forschenden Bioniker interessieren und die er zur Quelle seiner Konzepte, vielleicht seiner Visionen macht. Biologische Effekte bilden sich aus in den Evolutions- und Adaptionsszenarien, in denen Lebewesen als „Systemgrenze zwischen einer äußeren Welt und ihrem eigenen inneren Milieu" agieren. Das Fliegen und das Schwimmen zu betrachten ist deshalb für uns so lohnenswert, weil die biologische Evolution in fluidische Wesen, in Insekten, Fische und Vögel aber auch in im Wasser lebende Säugetiere enorm viel Entwicklungsarbeit investierte. Diese Lebewesen sind hoch optimiert. In ihrer Physiologie, in ihrem Bewegen.

Aber wie befürchtet bereitet es enorme Schwierigkeiten im modernen Stadtbild einer Metropole einen biologischen Halbtaucher zu entdecken. Einen, von dem man anschaulich lernen kann; das ist nicht sonderlich erstaunlich. Entdecken heißt in diesem Fall auffinden, beobachten, beschreiben, messen, Kenntnisse gewinnen, Schlüsse ziehen. Bionik betreiben, dann.

Da gibt es ein altes Foto in meinem Kopf. Der kleine Michel steht mit einer Mohrrübe im Laub. Vor ihm Getier. Er traut sich nicht. Der Biber in seinem nassen Fell, sieht zerzaust aus. Schlammig.

---

[5] Der Baldeneysee ist der größte der sechs Ruhrstauseen. Er liegt im Süden der Stadt Essen
[6] Kim Novak badete nie im See von Genezareth ist eine Verfilmung des gleichnamigen Romans des schwedischen Autors Håkan Nesser.
[7] Siddhartha. Eine indische Dichtung ist eine Erzählung von Hermann Hesse, erstmals als Buch erschienen im Herbst 1922.
[8] Die Insel bestand bis Mitte des 19. Jahrhunderts aus zwei Teilen, dem Biebricher und dem Schiersteiner Wörth. Den westlichen Teil, der im Spätmittelalter Karthäuser-Aue hieß, erwarb 1832 ihr Namensgeber, Freiherr Carl von Rettberg.
http://www.wiesbaden.de/microsite/mattiaqua/freizeiteinrichtungen/rettbergsauen/index.php

Lange bevor der Herzog von Nassau später hier ein wunderschönes barockes Schloss baute und lange bevor sich die Biebricher im frühen Mittelalter auf das Handwerk der Strandräuberei kaprizierten, siedelten dort ihre Namensgeber und jetzigen Stadtwappentiere aus einer offenbar sehr ähnlichen Erfahrung heraus an. Hier, wo der Fluss mal reißend mal träger aber immer von majestätischer Präsenz einen Richtungswechsel von neunzig Winkelgraden vollströmt, ließ sich hervorragend vom Strand sammeln, was Trägheit und Masse Tribut zollend, der Kurve des Stromes nicht folgen will. War es in grauer Vorzeit Gestrüpp und Geäst, das von den braven Baumeistern zu Dämmen verflochten, die vielen einmündenden Bäche und Flüsslein, die vom hohen Taunus ins Tal fließen, in Seen und wohnliche Burgen verwandelte, mussten die Ureinwohner dieser sonnenverwöhnten Rieslinglage schon mal stromaufwärts fahren und ein wenig dem Schicksal nachhelfen, sodass der unschuldige Strom die vom Schiff gefallenen, von Bord gestoßenen oder durch Schiffbruch auf andere Weise in den Fluss gelangten Fässer und Kisten und Truhen und sogar Weiber einstweilen, an den Biebricher Strand tragen konnte. Leichte Beute also nach solider Vorarbeit flussaufwärts. Später dann hielt auch hier der Landesherr seinen Beutel auf, an dieser ach so günstigen Stelle. Vom Flusspiraten zum Schultheiß ist es vielleicht doch nicht ein so großer Schritt. Noch heute steht das alte Zollhaus direkt am Fluss.

Was sie mit den Bibern gemacht haben? *„ei die sinn' halt lang fort, gell. Villeischt uffgegesse' …!"* Ach, ja: Leckere Biber- und Nutriagerichte finden Sie im Internet[9].

Von Räubern, Piraten, Halunken und anderen Barbaren abzustammen ist für den gewöhnlichen Biebricher gewiss eine Bürde, aber er trägt es Humor und Gesang. Hier in Biebrich, am Tor zum wunderschönen Rheingau entstanden Wagners Meistersänger.

Und übrigens: Als Julius Cäsar 54 v. Chr. im Gallischen Krieg dort, wo der Fluss den harschen Knick macht, über den Rhein setzte, stieß er auf den Widerstand des germanischen Volksstamms der Ubier. Das mag gegebenenfalls ein anderer Ursprung des Namens Biebrich sein. Dennoch ist seit 1636 ein aus dem Wasser steigender Bieber (ursprünglich mit einem Fisch im Maul, später mit dem Schlüssel der Stadt) das Wappentier[10].

Gegenwart. Wir schreiben den 18. Dezember 2013. Willi Brandt würde heute 100 Jahre alt werden. Keith Richards, berühmtester Überlebender der Musikgeschichte (Süddeutsche), der eiserne Gammler (FAZ), der ruhende Stein (Tagesspiegel), außer Kakerlaken die einzige Lebensform, die einen Atomkrieg überleben kann (Bill Clinton), Richards also, der viel und vieles geraucht hat, unsterblich wie Castor und Pollux, jene in Seenot Anrufbaren, zum 70ten heute meine besten Glückwünsche. Castoren? Nein Danke, möchte man ausrufen. Und auch die Castoren, weil Biber sind fort. Die einstigen Flusspiraten haben sich in brave Vorstadt-Wiesbadener gewandelt. Sie werden (hört, hört) seit gestern von Schwarz-Grün regiert, während in der Hauptstadt eine GroKo (wie süß auch) firmiert.

---

[9] http://www.historisch-kochen.de/gebratener-biber-2/ und
http://www.kochbar.de/rezept/443288/DDR-Nutria-mit-Pilzsosse-von-Frau.html
[10] Graphik des Stadtwappens entnommen aus: http://de.wikipedia.org/wiki/Wiesbaden-Biebrich

Wie auch immer. Als greife der lange Arm der Gerechtigkeit aus der piratösen Vergangenheit bis in die Gegenwart hinein, so liegt ein Fluch auf dem Knick im Fluss: Nicht Fässer treiben an, nicht Habe, auch Weiber nicht, ich wüsste das; heute klagt der gemeine Biebricher über den Müll, der infolge der Knielage und stinkend am sonnigen Biebricher Kiessteinstrand angeschwemmt wird.

Biologie. Der europäische Biber (*Castor fiber*) hat eine spindelförmige Körperkontur mit einer Körperlänge von bis zu 1.4 [m]. Das Tier kann bis zu 20 Jahre alt werden. Sein Schweif (Kelle) ist unbehaart, von einer lederartigen schuppigen Haut bedeckt und horizontal abgeplattet. Die Kelle ist oberflächenstrukturiert; vermutlich extrem widerstandsarm, füge ich halbwissend hinzu. Die direkte Beobachtung und Anschauung von Bibern ist in unseren Breiten theoretisch oft und vielerorts gegeben, sagt das Netz; erste qualitative Informationen sollten also zugänglich sein. Dem ist aber nicht so.
Der Berliner Zoo ist wunderschön und eigentlich immer sein Eintrittsgeld wert. Auch ohne Knut. Aber gerade das Bibergehege ist grottig. Selbst als genügsamer Betrachter und geduldiger Beobachter lerne ich hier im Berliner Zoo nichts über das Schwimmen der Biber. Das ist schade; also schaue ich mir die freifliegen Vögel an. Aber das bringt mich an diesem Tag auch nicht weiter. Wo sonst aber finde ich einen Bieber in Berlin? Nirgendwo, vermute ich. So grausam ist die Großstadt manchmal.
In freier Wildbahn gibt es in Berlin immerhin Biberratten (*Myocastor coypus, auch Nutria genannt, Coypu oder Wasserratte bzw. Biberratte*) weiß meine Tochter Jana aus der Ferne zu berichten. Die ursprüngliche Heimat der Nutria ist das subtropische und gemäßigte Südamerika. Obwohl an Rumpfkörperlänge kleiner als ein Biber, waren die Felle sehr begehrt. Sind es vielleicht heute noch, wer weiß. Auf der Bauchseite besitzt ein Biberpelz ca. 23.000, auf dem Rücken etwa 10.000 Haare pro cm². Über der dichten Unterwolle bilden die längeren Grannenhaare eine robuste Oberflächenstruktur aus, die dem Tier mechanischen Schutz bietet und eventuell auch strömungsmechanische Besonderheiten aufweist. Das wird an anderer Stelle zu untersuchen sein. Im 19. Jahrhundert stand die Biberratte in Amerika kurz vor der Ausrottung. Nach dem Zusammenbruch des Pelzmarktes im 20. Jahrhundert wurden Nutria in Europa ausgewildert. Nutria sind aus ökologischer Sicht unbedenklich, denn anders als frei lebende Biber richten sie in Kulturlandschaften keinerlei Flurschäden an. Die genügsamen, robusten Tiere bilden heute im gemäßigten Mitteleuropa wieder genügend reiche Populationen. Die erwachsenen Nutria werden bis zu zehn Kilogramm schwer und sind mit einer maximalen Körperrumpflänge L< 1.1[m] ein Stück kleiner als der europäische Biber. Das Verhältnis von Körperlänge (65 [cm]) zu Schwanz (30-45 [cm]) ist bei der Biberratte extremer als beim europäischen Biber. Deshalb, so meinen wir, sind Nutria für unsere Argumentation äußerst attraktiv. Und greifbar; vor der Haustüre quasi.

In der Mittagspause starte ich also zu einer NoBudget-Expedition mit Pentax und etwas Mohrrübenproviant. Der Rehbergepark im Bezirk Wedding ist keine fünf Fahrradminuten von unserem Labor entfernt und immer menschenleer, warum auch immer. In einem versumpften, schmutzigen kleinen Tümpel hausen sie: die Wasserratten; quasi prekär im Weddinger Sumpf.

Nun ist das nicht gerade die große Safari und dennoch bin ich zuversichtlich, dass mir der Nutria, dieser „Biber für Arme", bei Fragestellungen zum Rumpfwiderstand doch irgendwie weiterhelfen kann.

Ein paar hübsche Fotos wären jetzt ganz nett. Man muss nur ein wenig direkter arbeiten, das Unmögliche wagen. Forschung ist eben ein richtig gefährlicher Job, babe! Die sumpfige Brühe arbeitet sich durch meine Schuhnähte. Na also, ich hab ihn, den Nutria. Heimtückisch lauert er dicht unter der Wasseroberfläche. In der Wildnis entscheidet sich das Schicksal immer für den Mutigen, den geduldigen, wahren Naturversteher. Nach Wikipedia reicht sein Luftvorrat nur für fünf Minuten. Im Ernstfall bis zu zwanzig. Vielleicht doch ein bisschen mit dem Stock pieken? Blubb, der vermeintliche Biberrattenrücken entpuppt sich als eine im Morast dümpelnde, bemooste Alditüte. Die kleinen Biester haben heute keinen Ausgang. Stattdessen tauchen zwei uniformierte Herren mit knisternden Funkgeräten auf (.. also im übertragenen Sinne). Im Schilf bleibt es ruhig. Wenn ich nun die Mohrrüben oder meine Salamistulle als Köder einsetzte, bekäme ich mit Sicherheit eine Anzeige. Leichte Beute für den Mützenmann und immerhin eine Alternative zu seinem manchmal rauen Job im Bezirk Wedding. Ich warte und denke, dass ich als Polizist im Wedding wohl auch lieber einen durchgeknallten Fotografen jagen würde, als einen Falschparker schnappen oder eine Moorleiche aus dem Moder zerren. Ich warte. Rauchen am Sumpf ist offenbar noch erlaubt, die Polizisten sind jetzt verschwunden. Aber auch die Nutria bleiben im Verborgenen.

In Essen, am Ufer des Baldeney-Sees, sagt Jana, gäbe es ganz viele Nutria. Auch würde ich viel zu selten zu Besuch kommen. NRW sei nicht Wellington, bekomme ich zu hören. Du musst nicht mal Fliegen! Ich habe verstanden. Berlin – Oberhausen – Biebrich, das klingt nicht ganz nach einem Abenteuer cook'schen Ausmaßes. Aber es klingt nach einem Plan. Nach Rhein. Nach bekocht werden, nach Riesling und Zwiebelkuchen. Nach dem Rauschen der Uferpappeln vor den Gewitterwolken, nach einem Glitzern der Abendsonne im Fluss. Heimat. So, jetzt hören wir auf zu weinen und sichten erst mal die sonstigen normalverdächtigen Quellen[11]. Gewicht, Körperlängen, Geometrie irgendwie, das ist wenigstens ein Anfang.

Technik. Die wahren Bionikgespräche finden bekanntlich in den Kaffeepausen statt und ich stelle fest: Das Thema Schiffsgeschwindigkeit, Widerstandsminderung und Froude-Zahlen von halbtauchenden Strömungskörpern ist offenbar noch nicht ganz vollständig ausdiskutiert. Jedenfalls nicht hier, jedenfalls nicht für meine jungen (gefühlt gnadenlosen) Gesprächspartner. Ich winde mich...

Nun, wir wissen, dass die maximale Rumpfgeschwindigkeit eines Seefahrzeugs mit der Rumpflänge steigt, ein Schiff in Fahrt aufgrund seines gegebenen Volumens und Gewichts (Displacement) eine Verdrängung des Fluids verursacht und damit eine Ausweichströmung um den „Störkörper" herum erzeugt.

Ja wir wissen, dass die Erzeugung von Auftrieb, respektive Querkraft nicht zum Nulltarif zu bekommen ist: no free lunch. Der Induzierte Widerstand stellt einen erheblichen Teil des Gesamtwiderstands dar.

---

[11] http://de.wikipedia.org/wiki/Biber, http://de.wikipedia.org/wiki/Bisamratte, http://de.wikipedia.org/wiki/Biberratte

Darüber hinaus wissen wir, dass der Anteil des Oberflächenwiderstands mit der benetzten Fläche des Strömungskörpers wächst, diese also minimiert werden sollte.

Wir wissen, dass in Fahrt nun eine nichtgleichmäßige Druckverteilung entlang der Schiffskontur (genauer: des Wasserpasses) herrscht, eine Druckminderung ein Wellental an der Störkörperkontur, eine Druckerhöhung entsprechend einen Wellenberg hervorbringt und wir wissen, dass das von einem Schiff generierte Wellensystem aus zwei superponierten Komponenten besteht, nämlich den leicht gekrümmten Diagonalwellen, die unabhängig von der Geschwindigkeit unter einem Winkel von je 20° zur Fahrtrichtung auftreten und den Querwellen, die rechtwinklig zum Kurs des Halbtauchers ablaufen.

Ja, natürlich wissen wir es auch noch genauer. Der Kelvin-Winkel beträgt in Wirklichkeit 19,47°. Wenn ich immer so kleinlich wäre… Aber was wir alle nicht so recht wissen ist, warum dieser − anders als der Mach'sche Winkel etwa − geschwindigkeitsinvariant ist, oder sein soll, angeblich. Oh, die Herren Gnadenlos kennen den Mach-Winkel nicht? Hilfestellung: „der Tatü-Tata-Winkel", wenn die Feuerwehr vorbeifährt. Mit Oberwasser jetzt: Darüber hinaus kennen wir die Arbeiten Froudes. Die Froude-Zahl ist das Verhältnis der Geschwindigkeit des Schiffes v zur Ausbreitungsgeschwindigkeit c der von diesem erzeugten Wellensystem.

Froude-Zahl $\qquad$ $Fr \quad = \quad v\,/\,c \quad [\,-\,]$ $\qquad\qquad$ (1)

Eine Herleitung der Froude-Zahl führt über die Betrachtung der kinetischen und potentiellen Energien. Ein Halbtaucher in Fahrt verrichtet Arbeit und koppelt ständig Energie in das Medium Wasser ein. Das ruhende Medium erfährt bei einer (Schiffs-) Bewegung an seiner Phasengrenze eine Störung, die sich wellenförmig fortpflanzt. Setzen wir nun die auftauchenden Energien ins Verhältnis:

mit:

v	Schiffgeschwindigkeit	$[ms^{-1}]$
c	Wellenausbreitungsgeschwindigkeit	$[ms^{-1}]$
g	Erdbeschleunigung	$[9,81ms^{-2}]$
L, h	charakteristische Längen	$[m]$
λ	Wellenlänge	$[m, rad]$
m	Masse	$[kg]$
W	Energie	$[kg\ m^2\ s^{-2}]$

die kinetische Energie		$w_{kin} \quad = \frac{1}{2}\,m\,v^2$	$[kg\ m^2\ s^{-2}]$	(2)
die potentielle Energie		$w_{pot} \quad = m\,g\,h$	$[kg\ m\ m\ s^{-2}]$	(3)
der Relation der Energien	$(w_{kin}\,/\,w_{pot})$	$= \frac{1}{2}\,m\,v^2/\,mgh$	$[\,-\,]$	
		$= \frac{1}{2}\,v^2/\,g\,h$	$[\,-\,]$	
Die Proportionalität	$(w_{kin}\,/\,w_{pot})$	$\sim\ v^2/\,g\,L$	$[\,-\,]$	(4)

Die Ausbreitungsgeschwindigkeit c der Welle ist bei genügend großen Wassertiefen eine Funktion der Wellenlänge λ. Die entscheidende Wellenlänge ist bei Schiffen die Lücke zwischen Bug und Heck, also die Wasserlinienlänge $L = \lambda/2\pi$.

Wellenausbreitungsgeschwindigkeit $c^2 = g\,\lambda\,/\,2\,\pi\,[m^2 s^{-2}]$ (5)

Wir erhalten die Kennzahl in ihrer aus der Literatur bekannten Darstellung:

Froude-Zahl: Fr   [-]   = $v \cdot (g \cdot L)^{-0,5}$ (6)

Man unterscheidet für die integrale Form drei Bereiche:

1. Bei niedrigen Froude-Zahlen werden Wellen erzeugt, die nahezu senkrecht zur Fahrtrichtung des Schiffes verlaufen. Ab einer Froude-Zahl FR> 0,35 steigt der Wellenwiderstand sehr stark an.
   Zum einen wachsen nun die Amplituden der Querwellen stark, andererseits überlagern sich die Partitionen des schiffseigenen primären Wellensystems ungünstig.
2. Für hohe Froude-Zahlen dominieren sehr viel kürzere Wellen, die in kleinen Winkeln zur Fahrtrichtung verlaufen. Bei einer Froude-Zahl um 0,4 überlagern sich die Heck- und die Bugwelle derart, dass der zweite Wellenberg der Bugwelle auf die Heckwelle trifft.
3. Bei einer Froude-Zahl um 0,56 trifft das Tal der Bugwelle auf die Heckwelle; es kommt zu Interferenzen, bei denen sich Wellenpartitionen neutralisieren können.

Das also wissen wir. Und dennoch ist die Frage, warum man nicht einfach ein Schiff „künstlich" verlängern kann, um über diesen Trick die Rumpfgeschwindigkeit zu vergrößern, eine der Schwierigeren. „Es sei doch so einfach meine Herren …", hätte ich letztens – angeblich voller Inbrunst – behauptet: „Länge läuft!" Ich gerate weiter in Bedrängnis und gebe schüchtern zu bedenken, dass selbst bei einer Minderung des Wellenwiderstandes R_W, infolge der Rumpfverlängerung des Halbtauchers der Formwiderstand R_F und auch der Reibungswiderstand R_O anwachsen wird; gegebenenfalls sogar noch der induzierte Widerstand R_A. Das sei auch einfach; und nahezu sofort und unmittelbar einzusehen:

Widerstand des Halbtauchers $R = \Sigma\ \{R_W + R_F + R_O + R_A\}$ (7)

Der Gesamtwiderstand ist die Summe aller Partialwiderstände. Ihre Definitionen sind nicht unbedingt eindeutig, die Trennungen hier und da schwammig. Aber es gelten einige Grundaussagen über die Charaktere der Partialwiderstände. Insbesondere dann, wenn Similaritäten extrahiert werden können [Die14-2]. Bevor wir die Partialwiderstände beim halbgetauchten Voranschwimmen und die sich aus Näherungsgleichungen ergebenden Similaritäten [Her-04] betrachten, werfen wir noch einen Blick auf die physikalischen Größen, ihre Einheiten und Dimensionen:

Symbol	Einheit	Größe	Dimension
L	[m]	Länge	L
t	[s]	Zeit	T
M	[kg]	Masse	M
A	[m^2]	Fläche	L^2
V	[m^3]	Volumen	L^3
v	[m s^{-1}]	Geschwindigkeit	L T^{-1}
F, L, R	[N]	Kraft (Lift, Widerstand)	M L T^{-2}
E,W	[Nm], [kg m^{2}s^{-2}],[J]	Energie, Arbeit	M L^2 T^{-2}
P	[Nm s^{-1}],[kg m^2 s^{-3}], [W]	Leistung	M L^2 T^{-3}
ρ	[kg m^{-3}],	Dichte	M L^{-3}

Partialwiderstände

R_W Widerstand, aufgrund des generierten Wellensystems.

Wellenwiderstand $\qquad R_W \quad \sim \quad (v, \ L)$

(Spezielle Art des Druckwiderstandes; Abhängig von der Geschwindigkeit v und der Länge L des Wellen erzeugenden Systems).

R_F Formwiderstand (Druckwiderstand) aufgrund der Umströmung der Körperkontur (benetzte Oberfläche).

Formwiderstand $\qquad R_F \quad \sim \quad (v^2, \ V)$

(Wirkung der Druckverteilung an einem umströmten Körper. Bestimmbar durch Integration über die gesamte Körperoberfläche; unter Berücksichtigung der Kraftkomponente in Anströmrichtung [Her-04]. Abhängigkeit von der Geschwindigkeit v des Systems und dem verdrängenden Volumen V).

R_O Widerstand aufgrund der Reibung an der benetzten Körperhülle.

Oberflächenwiderstand: $\qquad R_O \quad \sim \quad (v^2, \ A)$

(Wirkung der Wandschubspannung an einem Strömungskörper. R_O ist bestimmbar durch Integration über die gesamte Körperfläche unter Berücksichtigung der Kraftkomponente in Anströmrichtung [Her-04]. Abhängigkeit von der Geschwindigkeit v, der Viskosität des Mediums und der benetzten Oberfläche A des Systems).

R_I Induzierter Widerstand aufgrund fluiddynamischer Auftriebs- und Querkräfte.

Induzierter Widerstand $\qquad R_I \quad \sim \quad (v^{-2}, L^2)$

(Wirkung der durch dynamischen Auftrieb oder Querkraft generierten Randwirbel. Abhängig von der Geschwindigkeit $1/v^2$ und der Tiefe L^2 der fluidmechanisch wirksamen Bauteile).

Eine Similaritätsbetrachtung liefert qualitative Aussagen über den Einfluss einer Geometrievariation und der Transienz im Betrieb auf die Partialwiderstände. Die Proportionalitäten:

$$R_W \quad \sim (v,\ L)\ \sim (L^2, T^{-1})$$
$$R_F \quad \sim (v^2,\ V)\ \sim (v^2,\ L^3)\ \sim (L^5, T^{-1})$$
$$R_O \quad \sim (v^2,\ A)\ \sim (v^2,\ L^2)\ \sim (L^4, T^{-1})$$
$$R_I \quad \sim (v^{-2}, L^2)\ \sim (T^{-2})$$

Wir betrachten ferner die von der Strömung generierten Kräfte am Strömungskörper, den Lift L, den Reibungswiderstand R_R, Formwiderstand R_F und induziertem Widerstand R_I. In der Argumentation tauchen weitere Größen auf:

Kräfte, Energie

Auftrieb, Querkraft, Lift	L	[N]	L	=	$c_a \cdot A \cdot v^2 \cdot \rho/2$
Formwiderstand	R_F	[N]	R_F	=	$c_w \cdot A \cdot v^2 \cdot \rho/2$
Reibungswiderstand	R_O	[N]	R_O	=	$c_r \cdot A \cdot v^2 \cdot \rho/2$
Wellenwiderstand	R_W	[N]	R_W	=	$c_W \cdot A \cdot v^2 \cdot \rho/2$
induzierter Widerstand	R_I	[N]	R_I	=	$c_I \cdot A \cdot v^2 \cdot \rho/2$
Widerstand des Halbtauchers	R	[N]	ΣR	=	$R_W + R_F + R_O + R_I$

Beiwerte

Reibung: glatte Oberfläche, laminare Strömung	c_r	=	$1{,}327 \cdot (Re)^{-1/2}$
Reibung: glatte Oberfläche, turbulente Strömung	c_r	=	$0{,}074 \cdot (Re)^{-1/5}$
Reibung: raue Oberfläche, turbulente Strömung[12] $(2+\lg(t/k))^{-2{,}53}$	c_r	=	$0{,}418 \cdot$
induzierter Widerstand[13]	c_I	=	$\lambda\, c_a^2 / \pi$

Greifen wir uns nun den Wellenwiderstand heraus. Er ist, wie oben bereits erwähnt von geometrischen Parametern der Störkontur und Strömungsgrößen abhängig. Wären wir in Besitz des Wellenwiderstandskoeffizienten c_W, ließe sich die Widerstandskraft für ein Schiffsmodell ermitteln. Für Schiffe wird der Wellenwiderstandskoeffizienten c_W als eine Funktion der Froudezahl angegeben. Die Schar der Tabellen, Diagramme, Nennungen und Graphen für Werte des Wellenwiderstandskoeffizienten über der Froudezahl Fr ist unübersichtlich und vielzählig. Aber eben nur für Schiffe. Hier existieren Messungen, Strömungssimulationen mit CFD-Verfahren (Computational Fluid Dynamics) aber auch sehr leistungsfähige potentialtheoretische Berechnungen, etwa Mitchel-Integrale[14] über Modellkörper, wie der gut untersuchten Wigley-Hulls[15], deren Daten parametrisiert vorliegen und für eine gewisse Allgemeingültigkeit in ihren Berechnungsaussagen steht. Bei aller Menge der Daten und Strukturiertheit der Aufgabe wie der Lösungen ist der

---

[12] Angabe der Rauigkeit k in [m]. Es gilt als glatt: k= 0,001[mm] = 10^{-3} [mm] = 10^{-6} [m].

[13] gemäß elliptischer Auftriebsverteilung nach Prandtl

[14] John Henry Michell (26 October 1863 – 3 February 1940) was an Australian mathematician, Professor of Mathematics at the University of Melbourne

[15] Tom Wigley is a climate scientist at the University Corporation for Atmospheric Research (UCAR)

Wellenwiderstand immer noch eine heikle Voraussagegröße und Analogien zwischen verschiedenen Rumpfformen sind mit äußerster Vorsicht anzustellen.

Vergleichbarkeit gilt allenfalls für Schiffe. Sie gilt nicht für Störkonturen beliebiger Geometrie und Skalierung. Will sagen: es gibt für schwimmende Tiere, für halbtauchende biologische Schwimmer keinerlei Berechnungsgrundlagen. Es ist an dieser Stelle sicher eine gute und wissenschaftlich korrekte Empfehlung, zu jeder anstehenden Forschungs- oder Entwicklungsaufgabe eine problembezogene Ermittlung der Wellenwiderstandskoeffizienten durch Messungen oder - ermöglicht durch stetig wachsende Computerverfügbarkeit - durch Simulationsrechnungen durchzuführen. Genau diese Aufgaben werden wir in zukünftiger Forschung beantworten wollen.

Im Forschungsvorfeld und in der an der Praxis orientierten Bionik, vornehmlich in der frühen Phase der Biosystemanalyse und/oder der industriellen Produktentwicklung gleichermaßen würden Schätzwerte, die auf idealisierenden Annahmen bei gegebenen Reynoldszahlen[16] beruhen, einen ersten Analyse- oder Entwicklungshub ermöglichen. Deshalb habe ich aus der Vielzahl mir vorliegenden Datensätze, Graphiken und digitalisierter Kurven Werte der Wellenwiderstandskoeffizienten c_W über der Froudezahl Fr extrahiert, einen Graphen der Erwartungswerte generiert und das zugehörige abschnittsweise Polynom offengelegt [Die-14-2]. Der nachstehende Berechnungsansatz führt auf eine Darstellung des Wellenwiderstandskoeffizienten als Funktion der Froudezahl $c_{WELLE}=f(Fr)$ in einer Ersatzfunktion (Polynom 3ten Grades) die bestimmte Gütekriterien erfüllt etwa dass die Kurve, der Spline, (n-1)-mal stetig differenzierbar sei und auch für numerische Implementationen geeignet ist.

<u>Polynom der Erwartungswerte kumulierter Mess- und Berechnungsdaten.</u>   (8)

Intervall   Polynom $C_{WI}(x) = a_i x_i^3 + b_i x_i^2 + c_i x_i + d_i$

Intervall	Polynom
[0.. Fr ..0,2]	$C_W 0(Fr) = 0{,}03\ Fr^3$
[0,2.. Fr ..0,3]	$C_W 1(Fr) = 0{,}55\ Fr^3 - 0{,}34\ Fr^2 + 0{,}07\ Fr$
[0,3.. Fr ..0,43]	$C_W 2(Fr) = -0{,}76\ Fr^3 + 0{,}83\ Fr^2 - 0{,}28\ Fr + 0{,}03$
[0,43.. Fr ..0,55]	$C_W 3(Fr) = 0{,}42\ Fr^3 - 0{,}68\ Fr^2 + 0{,}37\ Fr - 0{,}06$
[0,55.. Fr ..1]	$C_W 4(Fr) = -0{,}01\ Fr + 0{,}01$

[16]

Transportkoeffizient		Einheit	Dimension
kinematische Viskosität	v:	$[m^2 \cdot s^{-1} = Pa \cdot s\ kg^{-1} \cdot m^{-3}]$	$[L^2 T^{-1}]$
kinematische Fluidität	$\psi = v^{-1}$:	$[s \cdot m^{-2}]$	$[L^{-2} T]$

Stoff	dyn. Viskosität μ	Dichte ρ	kin. Viskosität v
[Einheit]	$[kg \cdot s^{-1} \cdot m^{-1}]$	$[kg \cdot m^{-3}]$	$[m^2 \cdot s^{-1}]$
Luft$_1$	$18{,}1 \cdot 10^{-6}$	$1{,}188$	$15{,}24 \cdot 10^{-6}$
Wasser$_2$	$1{,}01 \cdot 10^{-3}$	$0{,}998 \cdot 10^3$	$0{,}1012 \cdot 10^{-6}$

Das Polynom und der Graph der statistischen Erwartungswerte der Wellenwiderstands-koeffizienten c_W über der Froudezahl Fr arbeitet für Fr > 0,2 ordentlich und sehr nahe an den gemittelten Berechnungswerten des Mitchel-Ansatzes, für Froudezahlen Fr < 0,2 werden kumulierte Mittelwerte aus einem Datenmonitoring angegeben.

Fazit. Am Anfang stand die Frage, ob die bei konstanter Geschwindigkeit den Wellenwiderstand bestimmende Größe, nämlich die signifikante Wasserlinienlänge der Störkontur für das ganze Lebewesen zu berücksichtigen sei, oder lediglich die Wasserlinienlänge der Rumpfkontur einbezogen werden soll. Bei näherer Betrachtung wird man den Strömungsexperten zustimmen wollen und wählt die Länge der Wasserlinie des ganzen Tiers. Dabei gelangt man zu dem erwarteten Ergebnis, dass eine Verlängerung der Tierkontur von „ohne Schweif" zu tatsächlicher, maximaler Länge des Schweifs eine Verringerung der Froudezahl bewirkt. Dies leuchtet unmittelbar ein, da ja die Wurzel der signifikanten Länge der Störkontur im Nenner der Gleichung für die Froudezahl steht. Erwartet werden demnach auch geringere Werte für den Wellenwiderstand. Der Ursache für die Minderung der Froudezahl (und damit des Widerstands) wird man aber erst auf den zweiten Blick mit dem energetischen Auge quasi, gewahr.

Biosystem	$L_{\text{üA}}$	L_{Rumpf}		L_{Schweif}		G_{MAX}
	[m]	[m]	[pph]	[m]	[pph]	[kg]
Biber	1.4	1.0	71	0.4	29	35
Nutria	1.1	0.65	59	0.45	41	7
Bisamratte	0.55	0.35	58	0.22	42	1.2

Den im Anhang angegebenen Quellen wurden nun Geometriedaten von drei Biberartigen entnommen: Europäischer Biber, nunmehr in Europa heimische Nutria und Bisamratte. Letztere haben ein ähnliches (Rumpf/Schweif)-Verhältnis. Man beachte, dass sich die auf die theoretische Rumpfgeschwindigkeit bezogene Reynoldszahl unterscheidet.

Modellsystem	$c_{\text{MAX}}(L_{\text{Rumpf}})$ $[\text{ms}^{-1}]$	$c_{\text{MAX}}(L_{\text{üA}})$ $[\text{ms}^{-1}]$	Δc_{MAX} [pph]	$L_{\text{üA}}$ [m]	$Re(L_{\text{üA}})$ [-]
M_{Biber}	3.13	3.7	18.2	1.4	$43.3 \cdot 10^6$
M_{Nutria}	2.5	3.2	28.0	1.1	$27.2 \cdot 10^6$
$M_{\text{Bisamratte}}$	1.85	2.4	29.7	0.55	$10.1 \cdot 10^6$

Anmerkung: Die dimensionslose Reynolds-Zahl stellt das Verhältnis der an einem Fluidsystem wirkenden Trägheits- und Zähigkeitskräften dar.

$$\text{Reynolds-Zahl} \qquad Re = v{\cdot}L/\nu \qquad [m{\cdot}s^{-1}{\cdot}m{\cdot}m^{-2}{\cdot}s],\ [\text{-}] \qquad (9)$$

Neben der Dichte des Mediums spielen bei der Ermittlung der Reynoldszahl die Transportkoeffizienten die kinematische und die dynamische Viskosität μ und ν bzw. die sinnfälligere (der Viskosität reziproken) kinematische und die dynamische Fluidität μ^{-1} und ν^{-1} eine Rolle. In Tabellenwerken sind beide Darstellungen gebräuchlich.

Die Wellenausbreitungsgeschwindigkeit $c^2 = g\ \lambda/2\pi\ [m^2 s^{-2}]$ ist eine Funktion der Wellenlänge λ. In Verdrängerfahrt bleibt die Störkontur in den Grenzen dieses Wellensystems gefangen: mehr Geschwindigkeit geht eben nicht. Nicht ohne Aufgleiten. Die mehr oder weniger strömungsgünstige Gestaltung der Störkontur und auch das Bewegungsgeschick des Schwimmers (sein Schwimmstil) sorgt nun dafür, ob das Halbtauchersystem nahe an die theoretische Rumpfgeschwindigkeit herankommt, sie gar überschreitet oder weit davon entfernt bleibt. Damit ist die Geschwindigkeit der Ausbreitung des Wellenmusters auch die in Verdrängerfahrt theoretisch erreichbare und selbst mit optimaler Gestaltung und maximalem Geschick nicht überschreitbare absolute Geschwindigkeit des teiltauchenden Wellen generierenden Fluidsystems. Diese absolute Geschwindigkeit kann erst dann vergrößert werden, wenn die Schwelle der physikalisch wirksamen Restriktion angehoben wird. Und genau das macht der Schweif der Biberartigen.

Grundsätzlich kann gesagt werden, dass ein teiltauchendes Fluidsystem dann hinsichtlich des Wellenwiderstands vorteilhaft unterwegs ist, wenn seine tatsächliche Froudezahl gering bleibt. Bei gegebener Reisegeschwindigkeit ist also jenes System im Vorteil und bewegt sich in unkritischer Fahrt, bei dem der Bereich der Betriebszustände über die theoretisch mögliche Rumpf- und die tatsächliche Fahrgeschwindigkeit stärker gespreizt ist. Nach oben hin, zu größeren theoretischen Geschwindigkeiten kann das nur über eine Vergrößerung der (theoretischen) Wellenausbreitungsgeschwindigkeit erfolgen. Um nun die Lücke, in der die Störkontur (physikalisch bedingt) während der Verdrängerfahrt gefangen bleibt ein wenig auszuweiten, kann ein fluidmechnisch wirksamer Anhang nützlich sein. Aus diesem Blickwinkel nimmt unter den Biberartigen die Bisamratte eine für die Übertragung auf technische Systeme vielversprechende Position ein. Inwiefern ein „fluidmechnisch wirksamer Anhang" vorteilhaft für das Manövrieren ist, ob die biologische Konstruktion die Strömung adaptiert, und um diesen Effekt zu erzielen vielleicht auf eine raffinierte Innenstruktur zurückgreift, ist unerforscht. Eine detailliertere Untersuchung mag auch die Frage beantworten, wie sich die Raten an Zuwachs von Reibungswiderstand in Relation zum Wellenwiderstand verhalten und ob man die Gesamtkonstruktion in ein globales Widerstandsminimum fahren kann. Auch ist die Frage nach einer Qualitätsfunktion für ein technisches Betriebs- und Nutzungsszenario offen.

Und: Ob Wellington, Wedding oder Wiesbaden, essen Sie bitte keine Biber, tragen Sie keine Felle. Nutria ist nichts für die Stulle danach.

Bibliographie, weiterführende Literatur und Internetverweise

[Abbo-59]   Ira H. Abbott, Albert E. von Doenhoff: Theory of Wing Sections: Including
                 a Summary of Airfoil Data. Dover Publications, New York 1959.
[Die14-2]   Dienst, Mi.(2014). Methoden in der Bionik. Wellenwiderstands-
                 koeffizienten aus kubischen Ersatzfunktionen. GRIN-Verlag GmbH
                 München, ISBN(Buch): 978-3-656-58044-7
[DUB-95]   Dubbel, Handbuch des Maschinenbaus, Springer Verlag Berlin, 15.Auflage
                 1995.
[Eppl-90]   Richard Eppler: Airfoil Design and Data. Springer, Berlin, New York 1990.
[Fli-02]   Flindt, R. (2002) Biologie in Zahlen Berlin: Spektrum Akademischer Verl.
[Fren-94]   French, M.: Invention and Evolution: design in nature and engineering.
                 Cambridge University Press. Cambridge 1994.
[Guen-98]   Günther, B., Morgado, E. (1998) Dimensional analysis and allometric
                 equations concerning Cope's rule. Revista Chilena de Historia Natural 71:
                 331-335, 1989
[Gör-75]   Görtler, H. Diemensionsanalyse. Berlin Springer 1975
[Guen-66]   Günther, B., Leon, B. (1966) Theorie of biological Similarities,
                 nondimensional Parameters and invariant Numbers. Bulletin of
                 Mathematical Biophysics Volume 28, 1966.
[Her-04]   Herwig, H. (2004) Strömungsmechanik. Vieweg Verlag Wiesbaden.
[Hüt-07]   Hütte, 2007, 33. Auflage, Springer Verlag. S.E147
[Hux-32]   Huxley, J.S. (1932) Problems of relative Growth. London: Methuen.
[Katz-01]   Joseph Katz, Allen Plotkin: Low-Speed Aerodynamics (Cambridge
                 Aerospace Series) Cambridge University Press; 2 edition (2001)
[Liao-03]   Liao, J.C.; Beal, D.; Lauder, G.; Triantayllou, M. Fish Exploting Vortices
                 Decrease Muscle Activty. In: Science 2003, S. 1566-1569. AAAS. 2003.
[Nac-01]   Nachtigall, W. (2001) Biomechanik. Braunschweig: Vieweg Verlag.
[Nach-98]   Nachtigall, W. : Bionik – Grundlagen und Beispiele für Ingenieure und
                 Naturwissenschaftler. Springer-Verlag, Berlin-Heidelberg-New York 1998.
[Pflu-96]   Pflumm, W. (1996) Biologie der Säugetiere. Berlin: Blackwell
                 Wissenschaftsverlag.
[Tho-59]   Thompson, D'Arcy, W. (1959) On Growth and Form. London: Cambridge
                 University Press. (Neuauflage der Originalschrift 1907)
[Tho-92]   Thompson, D W., (1992). *On Growth and Form*. Dover reprint of 1942 2nd
                 ed. (1st ed., 1917). ISBN 0-486-67135-6
[Zie - 72]   Zierep, J. (1972) Ähnlichkeitsgesetze und Modellregeln der
                 Strömungslehre. Karlsruhe: Braun Verlag 1972.

http://de.wikipedia.org/wiki/Biber
http://de.wikipedia.org/wiki/Bisamratte
http://de.wikipedia.org/wiki/Biberratte
http://de.wikipedia.org/wiki/Wiesbaden-Biebrich
http://fasanerie.net/

Recherche und Datenmonitoring

Biber und Nutria in Wiesbaden

Projekt 2012 – Neubau eines Nutria- und Nerzgeheges

Der Europäische Nerz ist vom Aussterben bedroht und die Fasanerie nimmt in Kooperation mit EuroNerz e.V. an einem Erhaltungszuchtprogramm teil.

Im Mai 2012 hat eine trächtige Fähe ihr neues Zuhause in der Fasanerie bezogen. Der lang ersehnte Nachwuchs wurde am 09.07.2012 geboren. Zwei kleine Winzlinge erblickten das Licht der Welt. Die Besucher können nun den kleinen Nerzen beim Aufwachsen zusehen. Die aktiven Nutrias sind bei den großen und kleinen Tierparkbesuchern sehr beliebt. Das Gehege war in die Jahre gekommen und musste dringend erneuert werden. Die Nutrias haben bereits ihr neues Zuhause bezogen und haben auch schon Nachwuchs bekommen. Die offizielle Eröffnung des Nerz- und Nutriageheges fand am 10. September 2012 statt.

http://fasanerie.net/projekte/nutria-und-nerzgeheges

A METHOD FOR CALCULATING SHIP RESISTANCE COMPONENTS USING A THEORETICAL DRAWING

Gotman A.S.

Novosibirsk, e-mail: Agotman@yandex.ru

http://www.science-sd.com/450-24003?sd_com=ceb4d32979c042cf54f51bd03e203181

Study Of Michell's Integral And Influence Of Viscosity And Ship Hull Form On Wave Resistance

A. Sh. Gotman

1D. Tech. Sci., professor Gotman A.Sh., Novosibirsk State Academy of Water Transport, Shchetinkina st., 33,Novosibirsk,

630099, Russia

http://www.shipdesign.ru/Gotman/Study_of_Michells_Integral.pdf

Multihull and Surface-Effect Ship Configuration Design: A Framework for Powering Minimization

Ronald W. Yeung and Hui Wan

Department of Mechanical Engineering,

University of California, Berkeley, CA 94720

http://www.me.berkeley.edu/Grad/Areas/Yeung_Wan_2008_JOM031005.pdf

Waves, E.O. Tuck _

http://www.maths.adelaide.edu.au/ernie.tuck/pdfiles/iciam03_EOT_paper.pdf

Resistance Sesson / Report of Resistance Commitee

http://ittc.sname.org/proc11/Report%20of%20Resistance%20Committee.pdf

Applications of Wave Resistance Theory to problems of Ship Design
G., P., Weinblum (1959)
http://doku.b.tu-
harburg.de/volltexte/2010/883/pdf/Bericht_Nr.058_G.Weinblum_Applications_of_Wav
e_Resistance_Theory_to_Problems_of_Ship_Design.pdf

A THREE-DIMENSIONAL LINEAR ANALYSIS OF STEADY SHIP MOTION IN DEEP WATER.
A THESIS SUBMITTED FOR THE DEGREE OF DOCTOR OF PHILOSOPHY
JOB JOHANNES MARIA BAAR.
http://v-scheiner.brunel.ac.uk/bitstream/2438/6527/1/FulltextThesis.pdf

The Neumann–Michell theory of ship waves
Francis Noblesse · Fuxin Huang · Chi Yang
Received: 21 October 2011 / Accepted: 26 June 2012 / Published online: 23 October
2012 US Government 2012
http://download.springer.com/static/pdf/688/art%253A10.1007%252Fs10665-012-
9568-7.pdf?auth66=1389531302_e709fc78cef3f0903a9df1cd4ba41fba&ext=.pd

Gewerbliche Lehranstalten Bremerhaven, Georg-Büchner-Str. 7, 27574 Bremerhaven
Schiffswiderstand und Vortrieb1
Schiffswiderstand
http://konstuktions-web.info/downloads_sb/A3_Schiffswiderstand_Vortrieb.pdf

Einfluss der Asymmetrie von Katamaranrümpfen auf den Wellenwiderstand / Fachgebiet
Dynamik Maritimer Systeme
Conrad Jentzsch
http://www.dms.tu-
berlin.de/fileadmin/fg3/Publikationen/Bachelorarbeiten/Jentzsch_2013_Einfluss_der_A
symmetrie_von_Katamaranruempfen_auf_den_Wellenwiderstand.pdf

**11th International Conference on Computer and IT Applications in the Maritime
Industries,** Liege, 16-18 April 2012, Hamburg, Technische Universität Hamburg-Harburg,
2012, ISBN 978-3-89220-660-6
http://www.ssi.tu-
harburg.de/doc/webseiten_dokumente/compit/dokumente/Proceeding_Compit2012_Li
ege.pdf

DRAG ON A SHIP AND MICHELL'S INTEGRAL
Ernie Tuck_, & Leo Lazauskas_
_School of Mathematical Sciences, The University of Adelaide, South Australia, 5005,
Australia
http://www.maths.adelaide.edu.au/ernie.tuck/pdfiles/laz_tuc_ictam.pdf

The Neumann-Michell theory of ship waves
Francis Noblesse1, Fuxin Huang2, Chi Yang2
http://www.iwwwfb.org/Abstracts/iwwwfb27/iwwwfb27_34.pdf

Kontakt:

Dipl.-Ing. Michael Dienst
Beuth Hochschule für Technik Berlin,
BIONIC RESEARCH UNIT / FB VIII, Maschinenbau
Luxemburger Str. 10,
D - 13353 Berlin-Wedding